おじいちゃんは水のにおいがした

今森光彦

借成社

琵琶湖と琵琶湖に流れこむ安曇川（あどがわ）。このあたりの地下には、
琵琶湖の湖底（こてい）からしみこんでいく地下水や安曇川の本流（ほんりゅう）が地下にもぐりこんだ水流があり、
それらがわき水となって地上に出てくる場所がある。この本の舞台（ぶたい）、新旭町（しんあさひちょう）もそんなところ。
右上の、黄色い菜の花畑がみえる突端（とったん）のあたりだ。

山々《やまやま》にかこまれた大きな湖《みずうみ》、琵琶湖《びわこ》。
水辺《みずべ》のまわりには、田んぼがひろがり、家々《いえいえ》があつまっています。
そんな湖《みずうみ》のほとりで、ぼくは、ひとりの漁師《りょうし》と出会いました。

のどかな空気がただよう
新旭町（しんあさひちょう）。
おじいちゃんが住んでいる町だ。

おじいちゃんの年は80才《さい》をこえています。
ぼくは、このおじいちゃんに会ったとき、とてもうれしくなりました。
なぜかといえば、おじいちゃんの体から、水のにおいがしてきたからです。
そのにおいをかいだとたん、ぼくは、子どものころのことを思い出しました。
魚捕《と》り、川遊び……子ども時代のたいせつな思い出が、つぎからつぎへと、
まるで心の中の玉手箱《たまてばこ》をあけたみたいに思い出されてきたのです。
このおじいちゃんのことをもっと知りたい——そう思ったぼくは、
おじいちゃんが住んでいる水辺《みずべ》の小さな町にかようようになりました。

道や家々にそった小さな水路（すいろ）も、やがては
家なみをぬって流れる大きな流れと合流（ごうりゅう）する。これらの水は
安曇川（あどがわ）の水の流れがわき出してきたもの。
セキショウモがゆれるこの川は生水川（しょうずがわ）とよばれている。

おじいちゃんの名前は、田中三五郎《たなかさんごろう》さんといいます。

三五郎さんは、琵琶湖《びわこ》にそそぎこむ川のほとりで、

もう60年以上《いじょう》も漁《りょう》をしています。

山々の雪がとけて春がやってくると、いよいよ漁の季節《きせつ》。

三五郎さんは、にわかにいそがしくなります。

舟着《ふなつ》き場《ば》まで自転車で10分の距離《きょり》を、毎日往復《おうふく》します。

「漁をしとるときが、いちばん楽しい」と三五郎さんはいいます。

舟着《ふなつ》き場《ば》に着くと、三五郎さんは、ほんの一瞬《いっしゅん》、むかいがわにあるヤナギの森をながめました。
「トンビ、今年も巣《す》をつくるかなー」。
そんなひとりごとをつぶやきながら、三五郎さんは木舟《きぶね》に手をかけヒョイと飛び乗ると、長い竹の棒《ぼう》を使って、すいーっと川の中へこぎ出していきました。
舟《ふね》は音もなく水面《すいめん》をすべります。川藻《かわも》のあいだを、魚たちがすばやく動きます。

鳥のようすをみる三五郎さん。
鳥たちのほうも三五郎さんのことを観察している。

うしろにしげっているのがヤナギの森。
この流れは針江大川（はりえおおかわ）とよばれている。

三五郎さんが漁《りょう》をする場所は、
川はばがひろくなっている河口《かこう》です。
いりくんだところには、ヨシが生《は》えて、
ヤナギもしげっています。
そのうちの、ほんの数百《すうひゃく》メートルの範囲《はんい》
が、三五郎さんの漁場《りょうば》です。
でも、三五郎さんは
「これだけあれば十分《じゅうぶん》」だといいます。

だいたい20〜30ケ所にもんどりをしかける。
ひと晩（ばん）おいてつぎの日に、
2時間くらいかけて、しかけをみてまわる。

しかけの場所の目印（めじるし）はウキだ。ウキの下にもんどりがある。
ウキはじゃがいもほどの大きさで「田三（たさん）」とかいてある。
むかしはたくさんの漁師がいたので、ウキに名前をかいておかないと、
まちがってしまうこともあったのだそうだ。

あらかじめしかけておいた“もんどり”をひきあげます。
もんどりというのは、網《あみ》でできた筒《つつ》で、魚を捕《と》るための道具です。
片方《かたほう》は閉《と》じていて、もう片方の入り口の方は、内側《うちがわ》にむけて小さくすぼまって
いるので、いったん入り口からはいった魚は、出ることができません。
もんどりは、エサのいらないかんたんな漁具《りょうぐ》ですが、魚がとおる道を
じゅうぶんに知っていなければ、捕ることはできません。三五郎さんは、
「もんどりをしかけんのは、魚との知恵《ちえ》くらべや」と、いつもいいます。

コイは、琵琶湖(びわこ)の人々(ひとびと)にとってはとくべつの魚だ。
身(み)が多く、とてもおいしい。
大物(おおもの)がとれて満足顔(まんぞくがお)の三五郎さん。

捕《と》れる魚は、いちばんがコイ。それから、ニゴロブナ、キンブナ、ゲンゴロウブナ、ナマズなどです。ふつうなら、獲物《えもの》は十《じゅう》数匹《すうひき》といったところですが、
多いときには、舟《ふね》の底《そこ》が見えなくなるほど捕れることもあります。
三五郎さんは、ナマズのように自分が食べない魚や、まだ小さな子どもの魚は、逃《に》がしてやります。
三五郎さんの漁《りょう》は、売るための魚を捕る漁ではありません。
自分の家族が食べる分だけを捕るのです。
そういう漁のことを"おかずとり"といいます。

三五郎さんが網《あみ》をもつと、
いつも自慢話《じまんばなし》になります。
「若《わか》いころになー、もんどりで、
ギギを毎日、何百匹《なんびゃっぴき》も捕《と》ったんやでー」
と、日《ひ》焼《や》けした顔をにこにこさせて
話してくれます。
からだがすっぽりと入る大きな
“さであみ”は、魚を一網打尽《いちもうだじん》にできる
三五郎さん自慢の漁具《りょうぐ》です。
しかし、この網も、魚の習性《しゅうせい》をよく知っていないと捕れません。

もんどりはつるしてかわかす。このもんどりでとった
ギギという魚は、ナマズによくにた形をした、おいしい魚。
かつてはたくさんいたが、いまは絶滅(ぜつめつ)の危機(きき)にある。
むかしは三五郎さんも、たくさんとれた魚を売ったこともあったらしい。

さであみは、あさい川で使う。川底(かわぞこ)によこたえて、
そこに魚がはいってくるのをまったり、魚をおいこんだりしながら、
いっきにたくさんの魚をとる。

三五郎さんは、舟《ふね》をとてもたいせつにします。

使ったあとは、魚のうろこがついていたりするので、水でていねいに洗います。

三五郎さんは、前かがみになって水をかき出しながら、

「舟の世話《せわ》ができんやつは、一人前《いちにんまえ》やない」と、小さな声でつぶやくときがあります。

舟（ふね）にはマキという木を使うのが
いちばんいい。じょうぶでくさりにくいからだ。
しかし安い木ではないため、
一部分だけマキを使って、
あとは別（べつ）の木にすることも多い。
三五郎さんの舟は、舟底（ふなぞこ）だけが
マキ。あとはスギでできている。

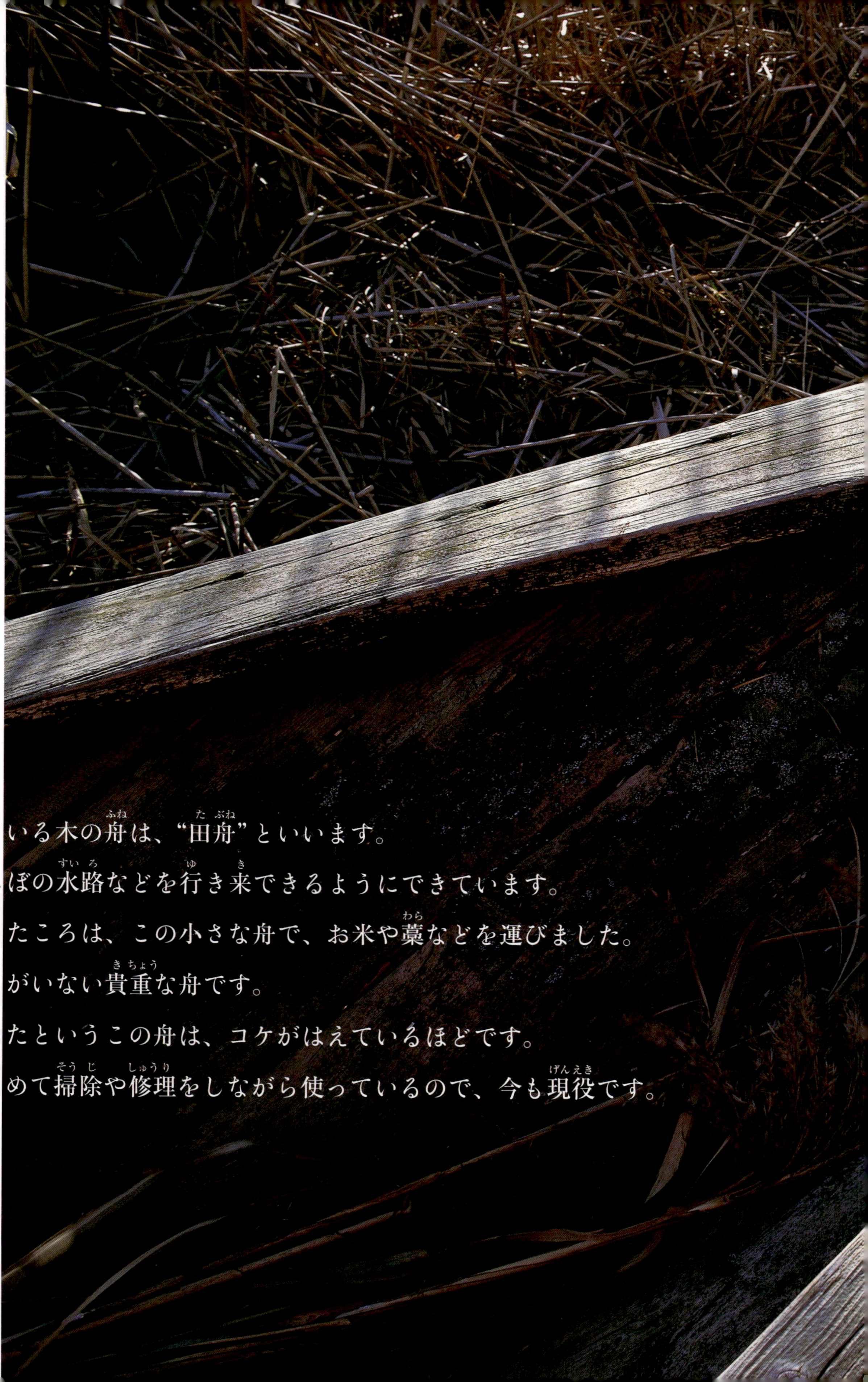

三五郎さんが使っている木の舟《ふね》は、“田舟《たぶね》”といいます。

名前のとおり、田んぼの水路《すいろ》などを行《ゆ》き来《き》できるようにできています。

水路《すいろ》がたくさんあったころは、この小さな舟で、お米や藁《わら》などを運びました。

今はもう、つくる人がいない貴重《きちょう》な舟です。

大正《たいしょう》時代につくられたというこの舟は、コケがはえているほどです。

三五郎さんが精魂《せいこん》こめて掃除《そうじ》や修理《しゅうり》をしながら使っているので、今も現役《げんえき》です。

ぼくは、三五郎さんの舟《ふね》にたびたび乗せてもらいます。

三五郎さんが舟をこぐときの竹の棒《ぼう》の手さばきは、とても軽《かろ》やかです。

体重をつねに舟の中心にかさねあわせて、力をこめてこぎます。

簡単《かんたん》なようにみえますが、何年もの経験《けいけん》がいります。

ちょっとかわってもらって、ぼくも挑戦《ちょうせん》しますが、舟はぐらぐらして

前にすすみません。こっけいなぼくのすがたをみて、三五郎さんは、

「竿《さお》は三年、櫓《ろ》は三月《みつき》や、ハハハハハ」

（竹竿《たけざお》をあやつるには三年の修行《しゅぎょう》が必要《ひつよう》という意味《いみ》）と大笑《おおわら》いします。

竹ざおをのばしながら前に出して、
水の底(そこ)についたら体重をかけてうしろにつく。つねに水の流れをよみながら進む。

舟《ふな》着《つ》き場《ば》には、いろいろな鳥があつまってきます。

舟《ふな》べりにとまるアオサギ、ヤナギのこずえから三五郎さんの行動《こうどう》をじっと見守っているトビ、泳ぎながらやってくるバン、舟着き場近くのヨシのあいだに巣《す》をつくるカイツブリなど、いろいろです。

漁《りょう》が終わると、三五郎さんは、死んでしまった魚を、置《お》きっぱなしにしてある木箱《きばこ》にいれることがあります。鳥たちのためです。

そうした思いやりがつたわるのでしょうか。鳥たちは、三五郎さんのことを仲間《なかま》だと思っているようです。

この日の先着(せんちゃく)は、アオサギだった。
トビはアオサギが食べおわって飛んでいくまでまっている。

フサモは水底から伸びているのではなく、浮いている。
そしてたがいにからまりあいながら、
どんどんと水面をおおいつくしていくのだ。
えの長いカマで、からまりあったフサモを切りはなす。
はなれたフサモは、流れにのって琵琶湖（びわこ）のほうへ流れさっていく。

三五郎さんは、よく藻《も》の掃除《そうじ》をします。藻が水の表面にひろがりすぎると、川の底《そこ》がくらくなって、魚たちが寄《よ》りつかなくなるからです。

この掃除は、どうやら鳥たちにとっても、うれしいことのようです。

藻が少なくなれば、水鳥たちは自由に泳いでエサをとることができますし、ゴミがたまったりしない美しい水の流れがいつまでもつづきます。

三五郎さんが魚を捕《と》るためにやっていることが、ほかのいきものたちにも都合《つごう》がよく、美しい風景《ふうけい》をつくることにもつながっているのです。

ぼくは、三五郎さんの暮《く》らしの中に、琵《び》琶湖《わこ》の自然《しぜん》を守るためのヒントがいっぱいつまっているように思えてなりません。

三五郎さんの住む町には、美しい川が流れています。
川には魚が泳ぎ、人が野菜《やさい》を洗っています。
なんでもないことですが、すごくたいせつな水辺《みずべ》の風景《ふうけい》です。
この川が、こんなに清《きよ》らかなのは、なぜなのでしょうか。
それは、この町のいたるところから、湧《わ》き水《みず》が出ているからです。
この湧き水は、安曇川《あどがわ》の本流《ほんりゅう》から運《はこ》ばれてきた水が、地下をとおって
湧《わ》き出てくる水なのです。

安曇川(あどがわ)を本流とするわき水が作った
この美しい流れは町の人々から
生水川(しょうずがわ)という名前でよばれている。
こんなのどかな風景(ふうけい)をみることが
できるのは、琵琶湖のあたりでもめずらしい。

かばたは漢字で川端（川の端）と書く。かばたと川はつながっている。かばたには川の水が、川にはかばたの水がながれこむ。

水路《すいろ》にある道を歩くと、建《た》ち並《なら》ぶ家とはべつに、ちいさな小屋《こや》のような建物《たてもの》がいくつもみられます。

“かばた”です。

家の外からみたかばた。このかばたの水は細い水路（すいろ）につながり、水路はやがて川につながる。

かばたの中をのぞかせてもらうと、石組みの階段《かいだん》があって、
その下には、満々《まんまん》と水をたたえた“いけす”がありました。
いけすには、大きなコイがゆうゆうと泳いでいます。いけすの半分は屋根《やね》の外に出ているので、コイは、小屋の外と中を自由に出入りできます。

かばたの中には丸《まる》い井戸《いど》があり、透明《とうめい》な水がこんこんと湧《わ》き出ています。

井戸に手を入れると、夏だというのに、手が切れるほど冷《つめ》たく感じられます。

水路《すいろ》をつたってとなりの家からやってきた水は、かばたの中に入り、その家のかばたの中から湧き出た水とまざって、また外へ出ていき、水路をつたって順々《じゅんじゅん》に、となりへとなりへと流れていくのです。

かばたから出てゆく水は、人が使ったものです。けれどその水は、水路や小川《おがわ》にこぼれおちた瞬《しゅん》間《かん》から息《いき》をふきかえしはじめます。川底《かわぞこ》にはえているコケや水草やいろいろな貝類《かいるい》、バクテリアまでが、水のろ過《か》に協力して、水を生き返らせるのです。水は使ってしまうと汚《きたな》くなるという思いこみは、ここでは通用《つうよう》しません。

かばたのある家には水道がひかれていない。
生活に使うすべての水は、かばたの水だ。

三五郎さんの家のかばたの中には、たらいや鍋《なべ》やまな板《いた》、洗面用具《せんめんようぐ》など、水を使う生活道具のありとあらゆるものがおいてありました。

三五郎さんの妻《つま》、ちか乃《の》さんは、ここで野菜や鍋や食器《しょっき》などを洗います。

お茶碗《ちゃわん》についたご飯《はん》つぶも、かばたの中のコイが全部《ぜんぶ》食べてしまうので、水の中に食べ物のカスが浮《う》くことがないと知って、ぼくはびっくりしました。

三五郎さんは、かばたの水を飲《の》みます。

湧《わ》き出してくる水は、口にふくむとまろやかな味《あじ》がします。ぼくは、はじめてかばたの水を飲んだとき、琵琶湖《びわこ》の水というのは、こんなに美味《おい》しかったのか！と感動《かんどう》しました。

琵琶湖(びわこ)の名物(めいぶつ)「ふなずし」を作る。
フナを塩づけにしたあと水を切り、ごはんと塩をまぜてつけこみ、
半年から一年ねかせてから食べる。たくさんとれたフナは、
こうして、この地方独特(どくとく)の保存食(ほぞんしょく)になる。
味(あじ)は月日とともに変化し、家ごとに味がちがう。
たがいに交換(こうかん)しあう風習(ふうしゅう)があるのもおもしろい。

小川（おがわ）にすむドンコ。からだの色やもようは、川底（かわぞこ）のジャリの色にそっくり。

かばたは、人間だけが利用《りよう》しているのではありません。

水路《すいろ》をたどって、かばたの中にやってくる、野生《やせい》のいきものがいます。

小魚たちです。

水路には、カワムツやコアユなど、さまざまな魚が見られます。

(上)大きくて美しいタナゴの一種、カネヒラ。
(下)琵琶湖(びわこ)だけにすむコアユ。

(上)チチンコともよばれるトウヨシノボリ。
(下)小川や水路によくいるカワムツ。

ぼくは、三五郎さんの家のかばたに、

幼魚《ようぎょ》のときゴリと呼《よ》ばれるトウヨシノボリや、カネヒラというタナゴの仲間《なかま》がいたのにおどろきました。なぜこんなところにやってくるのだろうと、最初《さいしょ》は不思議《ふしぎ》でした。でも、だんだんとわかってきました。

かばたにいれば、コイのエサのおこぼれをもらえます。そのうえ、人の近くにいれば、空からねらうサギたちの攻撃《こうげき》から逃《に》げることができます。

そんなかばたのまわりは、小さな魚たちのお気にいりの場所なのです。

夏のかばたは、いろいろな野菜や果物《くだもの》が浮《う》かんで、とてもはなやかです。スイカが地球儀《ちきゅうぎ》のようにまわり、キュウリが身をくねらせておどります。この町を流れる水が、山から琵琶湖《びわこ》までの長い旅をしているのだとしたら、いちばん楽しいのは、きっと、夏のかばたにいるときにちがいありません。

人と水が出会う“かばた”
——そこは、さまざまな生命《いのち》が出会う場所であり、水の旅の新《あら》たなはじまりの場所でもあります。

窓（まど）のところにある湯わかし器の中の水もかばたの水だ。

三五郎さんの家には、ゆっくりとした時間が流れています。
ぼくは、ここにやってくるたびに、ほっとため息《いき》をついてしまいます。
夏は、窓《まど》も戸もあけっぱなしで、ここちよい風がとおりぬけていきます。
漁《りょう》から帰ってくると、お昼《ひる》ころに、三五郎さんの家のまえに車のミニスーパーがやってきます。三五郎さんは、いつもかかさずお昼や晩《ばん》のおかずを買います。
ご飯《はん》は、妻《つま》のちか乃《の》さんと食べます。
午後は、網《あみ》の手入れをしたり、近所の友だちと話しこみます。そのあと、昼寝《ひるね》をします。アブラゼミの声が、家の中にひびきわたります。

(上) 毎日のこんな買い物も楽しみのひとつ。
(中) 近所の人が「うちの畑でとれたから」と花をくれた。
ちか乃さんの自転車のかごいっぱいの花。
(下) 三五郎さんの昼寝(ひるね)はいつもこのスタイル。

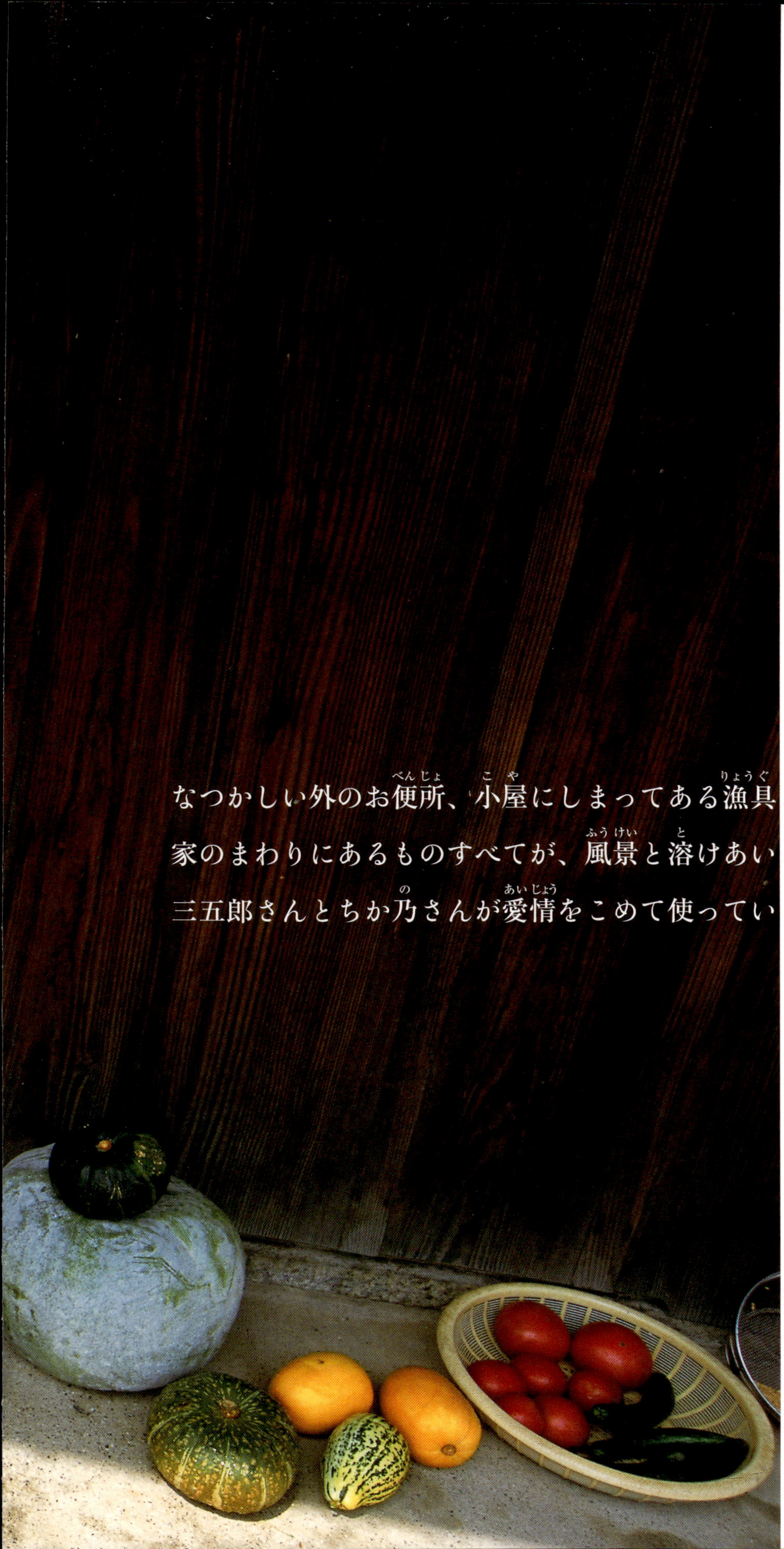

よしずがやわらかく陽(ひ)をさえぎり、影(かげ)をおとす。

舟板(ふないた)で作ったものおき小屋。

なつかしい外のお便所《べんじょ》、小屋《こや》にしまってある漁具《りょうぐ》、玄関《げんかん》のよしず……、
家のまわりにあるものすべてが、風景《ふうけい》と溶《と》けあい、なじんでいます。どれもこれも、
三五郎さんとちか乃《の》さんが愛情《あいじょう》をこめて使っているせいか、美しく見えます。

三五郎さん手作りの郵便(ゆうびん)ポスト。

秋になると庭《にわ》の柿《かき》の実が色づきます。ちょっと細長く小《こ》ぶりの柿です。

この柿は、三五郎さんがとてもたいせつにしている柿です。

食べるためのものではなく、柿渋《かきしぶ》をつくるためのものです。

もんどりや網《あみ》などの漁具《りょうぐ》を、柿渋で染《そ》めておけば、網が腐《くさ》りにくく長もちします。

柿渋(かきしぶ)は、渋柿(しぶがき)をくだいてしぼった汁(しる)を、
発酵(はっこう)、熟成(じゅくせい)させて作る。
柿渋をつけると、白いアミが茶色にそまる。

緑色だったヨシ原《わら》が黄色っぽくなると、やがてススキに似《に》た穂《ほ》が銀色にかがやきはじめます。このころの琵琶湖《びわこ》は、西からの風が強くなり、荒《あ》れることが多くなります。秋に終わりをつげて、冬がはじまろうとしています。

琵琶湖の漁師は農家もかねていることがおおい。
三五郎さんの家にも広い田んぼと小さな畑がある。
これもやはり自分の家で食べる分だけを作る。
「今年も魚がとれました。お米もたくさんとれますように」と
三五郎さんはしずかにいのる。
お皿（さら）の上のフナは少ない水でも生きている。

この季節《きせつ》には、たいせつな行事《ぎょうじ》がまっています。

“たなかみさま”です。

たなかみさまは、冬がはじまるころにおこなわれる豊作《ほうさく》を願うお祈《いの》りです。

山の神様を里《さと》にお招《まね》きして、田んぼの神様とひとつになってもらうのです。

そうすれば、作物《さくもつ》も魚もたくさん捕《と》れるようになると信《しん》じられてきました。

お祈りは、三五郎さんの家のとなりにある米蔵《こめぐら》の中でおこなわれます。

おはぎとダイコン、そこにヤナギの枝《えだ》でつくったおはしをつけます。それと、水路《すいろ》で捕れた魚を２匹《ひき》。この魚は、お皿《さら》に水をいれて生きたままお供《そな》えします。

ひと晩おいたら、その魚を、もとの水路に放《はな》します。

三五郎さんが漁《りょう》をする河口《かこう》から琵琶湖岸《びわこがん》にかけて広いヨシ原《わら》がひろがっています。とおくにみえる山々の頂《いただ》きが白くなり、本格的《ほんかくてき》な冬の訪《おとず》れをつげています。

このころ、ヨシ原に男たちがあつまってきます。枯《か》れたヨシを刈《か》るためです。

ヨシは、昔《むかし》から、いろいろな生活用具《ようぐ》にかかせない材料《ざいりょう》として刈りとられてきました。よしず、ついたて、ふすまをはじめ、茅葺《かやぶ》きの屋根《やね》にまで、ヨシが使われました。今ではそんなふうに使われることも少なくなってしまいましたが、このあたりのヨシ原には、まだほそぼそと材料としてのヨシを刈る“ヨシ刈《が》り”の習《なら》わしがのこっています。男たちは、柄《え》の長い鎌《かま》をもって、背丈《せたけ》が4メートルにもなるヨシをせっせと刈りこんでゆきます。

ヨシは水鳥や魚たちのすみかとしてはもちろん、
湖岸(こがん)の侵食(しんしょく)をふせぐ役目(やくめ)もある。また水質(すいしつ)を
たもつために役だっていることも、いろいろな調査(ちょうさ)でわかってきた。
このヨシ原は、人が手を入れることで
ととのい育っていく里山(さとやま)のすがたのひとつだ。

刈《か》られたヨシは、ひとかかえずつ束《たば》ねられ、円錐状《えんすいじょう》にたてかけられます。

なかほどまで仕上《しあ》がると、縄《なわ》でくくって、また、そのうえからかさねます。このまま

木の棒《ぼう》で柱《はしら》をつくって、ヨシを寄《よ》りそわせていきます。これを“丸《まる》立《だ》て”といいます。

約《やく》３ヶ月間、冬の風にさらしてゆっくりと乾燥《かんそう》させるのです。

舟《ふな》着《つ》き場《ば》に雪が積《つ》もりました。

しずかに流れる水面を、ヤナギのこずえにとまったトビがみつめています。

三五郎さんがいない舟着き場は、ちょっとさびしそうです。

冬のあいだ使わない舟は、水にうかべたままにしておく。
もっと長いあいだ使わないときには、舟ごと水の中にしずめる。
水中にある方が、木がくさらない。

雪がとけて水辺《みずべ》に春の気配《けはい》がただよいはじめると、大イベントがはじまります。ヨシ焼きです。ヨシが焼かれると、陽当《ひあ》たりが良《よ》くなり、灰《はい》や炭《すみ》が土地に栄養《えいよう》をもたらすので、太くて強いヨシが育つのです。男たちは、風向《かざむ》きを考《かんが》え、棒《ぼう》を使いながら、火がヤナギに燃《も》え移《うつ》らないように、炎《ほのお》を見守ります。数時間たつと、ヨシ原《わら》は、煙《けむり》がくすぶる黒い平原《へいげん》にうまれかわります。こうすることで、ヨシの成長がよくなるだけでなく、雪どけ水とまざった浅瀬《あさせ》ができ、コイやフナが産卵《さんらん》にやってきます。ヨシ原やヨシ焼きは漁場《りょうば》を豊《ゆた》かにしてくれるものでもあるのです。

ヨシ焼きのあと2月から3月にかけて、
コイが産卵(さんらん)にやってくる。雪どけ水と、
焼かれたヨシとがまじって浅瀬(あさせ)になったヨシ原は、
コイの産卵にはもってこいの場所なのだ。
コイの子どもは稚魚(ちぎょ)になるまでヨシ原ですごす。

ヨシ焼きが終わってひと月ほどすると、
ヨシの芽吹《めぶ》きがはじまります。
するどい針《はり》のような新芽《しんめ》です。ヨシの芽
だけではありません。鳥に運《はこ》ばれて落ち
たいろいろな植物の種がぽつぽつと芽吹
いています。しかし、これらの植物は、
ヨシの背《せ》が高くなると、その勢《いきお》いに負《ま》け
て消《き》えてゆきます。

コイの産卵時期（さんらんじき）がすぎると、こんどはフナの番だ。
フナにとってもヨシ原はかっこうの産卵場所である。

ヨシ原《わら》の春は、ノウルシの黄色いお花畑ではじまります。
ノウルシは、人とヨシの暮《く》らしにあわせて生きている代表的《だいひょうてき》な植物です。
ヨシ刈《が》りをして焼かれたところのあちこちにたくさん芽生《めば》え、ヨシの背《せ》が高くなるまでのほんのつかの間《ま》に花を咲《さ》かせます。
ノウルシの花をみると、ぼくは「ああ、そろそろ、三五郎さんの漁《りょう》がはじまるな」と思います。この花は、三五郎さんの漁の季節《きせつ》のはじまりをつげる花でもあるのです。

ヨシ原に春のおとずれを感じさせる代表的な花で、
黄色く花びらのようにみえるのは、花をとりかこんでいる葉っぱ。
ほんとうの花は、その中心に小さく咲いている。

三五郎さんは、よく、ぼくにこういいます。
「魚がいる川には、きれいな水があるんだ」と。
その言葉《ことば》には、三五郎さんの水への思いがこめられています。
いきものを気づかうあたたかい眼差《まなざ》しと、自然に感謝《かんしゃ》する気持《きも》ちがつたわってきます。人間が飲《の》む水であるまえに、すべてのいきものたちの水であるということ――。それが、三五郎さんのいう「きれいな水」という言葉の意味です。

ぼくがなつかしいと感じた水のにおいは、
さまざまな生命《いのち》を育《はぐく》む“生きた水”のにおいだったのです。

今年も、三五郎さんのすがたが、河口《かこう》のヨシ原《わら》にもどってきました。

水の中には生命《いのち》が流れている

私《わたし》は琵琶湖岸《びわこがん》の大津市《おおつし》というところで生まれ育《そだ》ちました。子どものころ、湖岸《こがん》にゆくと、石垣《いしがき》のへりにヨシがおいしげり、オオヨシキリの元気のよい鳴《な》き声が聞こえました。石垣のたもとには、木の舟《ふね》があって、いつも人の気配《けはい》がしたものです。でも、その独特《どくとく》で濃《のう》厚《こう》な風景《ふうけい》は、大人になるにつれ、夢《ゆめ》がさめていくように音もなく消《き》えてしまいました。

月日がたち、この本に登場《とうじょう》する漁師《りょうし》に出会ったとき、まさに霧《きり》が晴れたかのように昔《むかし》の記憶《きおく》がよみがえってきたのです。それは、思い出にしみついた「水の匂《にお》い」でした。

漁師、田中三五郎さんが、私に教えてくれたことは“水の中には、生命《いのち》が流れている”ということです。それは、琵琶湖に住む人ならだれでもが抱《いだ》いていた「水の哲学《てつがく》」です。そうした水への関心《かんしん》が、魚や水鳥たちにとってゆりかごともいえるヨシ原《わら》も守らせてきたのだと思います。

美しい水辺《みずべ》が、そして、三五郎さんの想《おも》いが、これからもうけつがれていきますように……。

2006年3月
琵琶湖のみえるアトリエにて
今森光彦

今森光彦（いまもり・みつひこ）

1954年、滋賀県大津市《しがけんおおつし》生まれ。写真家。
琵琶湖をのぞむ田園風景《でんえんふうけい》の中にアトリエを構《かま》え活動している。自然と人とのかかわりを「里山《さとやま》」という空間概念《がいねん》で追いつづける一方《いっぽう》、学生のころから世界各国の訪問《ほうもん》をかさね、熱帯雨林《ねったいうりん》から砂漠《さばく》まで、生物と人が生きるあらゆる自然を見聞《けんぶん》し取材《しゅざい》している。
写真集に『里山物語』（新潮社）、『湖辺《みずべ》』（世界文化社）、『今森光彦・昆虫記』『今森光彦・フィールドノート里山』（ともに福音館書店）、写真文集に『萌木《もえぎ》の国』『藍《あお》い宇宙』（ともに世界文化社）、『里山を歩こう』（岩波書店）、『わたしの庭』（クレヨンハウス）など多くの著《ちょ》書《しょ》がある。
第20回木村伊兵衛《きむらいへえ》写真賞、第48回毎日出版文化賞など数多くの賞を受賞している。
ホームページ　http://www.imamori-world.jp

本書の映像版ともいえる「映像詩　里山　命めぐる水辺」（撮影監督／今森光彦）が、NHKスペシャルで放映された。この映像は自然ドキュメンタリーの制作者として世界的に知られるデビット・アッテンボロー氏の協力を得て「SATOYAMA Japan's Secret Watergarden」と題されて発表され、数々の国際的な賞を受賞している。

- 第48回ニューヨーク・フェスティバル
  自然・環境部門　最優秀賞
- 第57回イタリア賞　最優秀賞
- 第2回モンタナシネ国際フィルムフェスティバル
  人と自然の共生部門　最優秀賞
- 第1回ワイルドサウス国際映像祭　グランプリ賞
- 第38回アメリカ国際フィルム・ビデオ祭
  環境部門　クリエイティブエクセレンス賞
- 第11回上海テレビ祭　自然番組部門　最優秀賞
- 第5回タオス山岳フィルムフェスティバル
  最優秀環境番組

おじいちゃんは水のにおいがした

著者　今森光彦

発行　2006年 4 月　1刷
　　　2024年 2 月　8刷

発行者　今村正樹

発行所　株式会社　偕成社
〒162-8450　東京都新宿区市谷砂土原町 3 - 5
電話　03-3260-3221（販売部）　03-3260-3229（編集部）
https://www.kaiseisha.co.jp/

編集者　松田素子

デザイン　白石良一　生島もと子（白石デザイン・オフィス）

印刷・製本　NISSHA株式会社・株式会社難波製本

プリンティングディレクター　中江一夫

NDC748 27×23 cm　64P.　ISBN978-4-03-016400-0　C8040
Published by KAISEI-SHA, printed in Japan.
落丁・乱丁本は送料小社負担でお取り替えいたします。
本のご注文は電話・ファックスまたはEメールでお受けしています。
tel: 03-3260-3221　fax: 03-3260-3222　e-mail: sales@kaiseisha.co.jp